高等学校艺术设计类专业“十二五”规划教材
国家重点示范专业——首饰专业规划教材

首饰蜡模雕刻工艺

沈成旸 编著

上海交通大學出版社

图书在版编目（CIP）数据

首饰蜡模雕刻工艺／沈成旸编著.—上海：上海交通大学出版社，2011
高等学校艺术设计类专业“十二五”规划教材
ISBN 978-7-313-07050-0

Ⅰ.①首… Ⅱ.①沈… Ⅲ.①首饰—模具—生产工艺—高等学校：技术学校—教材 Ⅳ.①TS934.3

中国版本图书馆CIP数据核字（2011）第004942号

首饰蜡模雕刻工艺
沈成旸 编著
上海交通大学出版社出版发行
（上海市番禺路951号 邮政编码：200030）
电话：64071208 出版人：韩建民
上海晨熙印刷有限公司印刷 全国新华书店经销
开本：787mm×1092mm 1/16 印张：4 字数：90千字
2011年1月第1版 2011年1月第1次印刷
ISBN 978-7-313-07050-0/TS 定价：32.00元

前言

PROLOG

一、课程的性质

首饰的蜡模雕刻工艺是20世纪80年代从西方发达国家兴起的一种首饰造型技术。其造型方法是以特制的蜡为材料，用手工为主的方法雕刻成型，再用失蜡浇铸成型，制成金属首饰的坯件。首饰的蜡材雕刻工艺与传统的金属制作工艺相比，具有成本低廉、制作简便、生产快捷以及一次成型等诸多优点，尤其对于一些批量生产的产品，优势尤为明显，因而受到众多生产企业的青睐，在短时间内得以迅速兴起和发展。无论从理论上还是从实际上来讲，首饰的蜡模雕刻制作工艺在几乎所有的传统首饰制作领域都具有颠覆性的替代作用。如今，此项工艺在一些西方的发达国家，已经几乎占了全部首饰制作工艺的95%以上。在我国，引进首饰蜡模雕刻制作工艺则是近十几年的事。目前，我国南方的一些地区如广东、福建等，也已经开始广泛采用此项制作工艺，使得我国的首饰制作成本在原有的劳动力成本较低的基础上更为降低，在国际上更具竞争优势，同时也获得了相当可观的经济效益，具有非常大的实用性。

二、课程设计思路

本课程是珠宝首饰工艺与鉴定制作专业的一门专业核心课程，其目标是让学生掌握当今首饰制作中最新的制作技能。首饰蜡模雕刻工艺以新型的首饰雕刻专用蜡材为原料，并采用专门的雕刻工具和设备，按照设计图的要求准确地雕刻成蜡材首饰模型，其在整个首饰专业教学体系中，对其他传统首饰制作技能课程的教学是一种非常必要的补充、更新和完善。

蜡材模型的雕刻制作是珠宝首饰工艺与鉴定制作专业的学生毕业后从事首饰制作的重要工作。本课程的设置对学生了解和掌握此项新的制作技术，并运用此项技术来解决首饰制作过程中的造型能力和首饰工具的使用能力都具有非常重要的意义。因此，此项课程的设置是非常必要的，并且应当作为本专业的核心课程和必修课程。

本课程立足于实际能力培养，对课程内容的选择标准作了创造性的根本改革，打破了以书本知识传授为主要特征的传统学科课程模式，转变成以工作室化实技教学为特征的教学模式，让学生在完成具体项目任务的过程中构建相关理论知识，并发展职业能力。

只有在实际操作中学生才可能获得真正的职业能力，并获得理论认知水平的发展。因此本课程要求打破纯粹讲述式的教学方式，实施项目教学以改变学与教的行为。这是教学模式的一个重大转变。要有力地推动这一转变，就需要以项目为载体来组织课程内容。在项目课程设计中，项目载体设计是一个关键环节。本课程从实际出发，按照由简入繁的原则，确定了以无宝石蜡模首饰的制作、有宝石蜡模首饰的制作、精密蜡模首饰的制作和软蜡模首饰的制作这4个典型意义的项目作为载体的教学方案，在这4个典型意义的项目中既具有在企业实际生产中普遍应用的含义，同时也具有能够最为有效地促进学生职业能力的发展，达到本课程教学目标的含义。

首饰产品种类繁多，不同产品的制作过程有较大差异，必须选择不同类型的产品来保证制作知识技能的完整性和系统性。不同产品制作过程中的知识和技能既要互补，也可以存在交叉，从而使得该技能融合到各个产品的生产过程中，实现知识体系的重构。通过对典型产品制作任务的实际训练，学生可获得比较完整的蜡模首饰制作技能。

三、课程目标

在知识要求方面，要求学生通过任务引领型的项目活动，对蜡材模型的雕刻制作过程有明确的认识，能准确地了解材质和工具的性能及相关的从简单到复杂形态的工艺制作知识，熟悉蜡材的伸缩率及方向，熟悉宝石的形态及物理特性，并熟悉与此项工艺相关的后续工艺的要求。

在能力要求方面，则要求学生能准确地认识设计图稿；能准确地将设计图稿复制到蜡材上；能准确地运用蜡模雕刻技能表达设计方案；能准确地符合后续工艺的技术要求。

CONTENT DESCRIPTION 内容提要

本课程是珠宝首饰工艺与鉴定制作专业的一门专业核心课程，目标是让学生掌握当今首饰制作中最新的制作技能。本课程从实际出发，按照由简入繁的原则，确定了以无宝石蜡模首饰的制作、有宝石蜡模首饰的制作、精密蜡模首饰的制作和软蜡模首饰的制作这4个典型意义的项目作为载体的教学方案，让学生在结合完成具体项目任务的过程中来构建相关理论知识，并发展职业能力。

AUTHOR INTRODUCTION 作者介绍

沈成旸

美籍华人。1956年生于上海，1978年起在上海老凤祥担任专职首饰设计师，长期从事首饰设计工作。1998年以国际首饰设计特殊人才身份移民美国，先后在纽约爵凡尼首饰设计公司Giovanni Design Intl Inc和纽约强生首饰公司任首饰设计师。

2008年10月回国受聘为国家重点示范专业首饰专业带头人，并担任中国黄金创意产业中心主任。

1996年，获比利时钻石高阶层议会颁发的HRD钻石高级鉴定师证书；1996年，首饰作品在由世界黄金协会举办中国足金首饰设计大赛上荣获最佳设计奖冠军；1996年，首饰作品在由世界黄金协会举办亚洲足金首饰设计大赛上荣获最佳“天与地”演绎奖；2000年，首饰作品在美国获国际黄金首饰设计大赛银奖；2007年，著写了《金相玉质—— 首饰》一书，由上海科技教育出版社出版。

联系方式：chengyang2004@yahoo.com.cn

目录
CONTENTS

项目一
无宝石蜡模首饰的制作

任务模块　天元戒的制作

某日，某首饰商场加工部门接到一位70岁左右老太太的加工订单，具体要求如下：

任务单
名称：18k黄金天元戒
数量：1只
重量：约6克（18k）
手寸：制作者自己手寸
戒指宽度：4mm
戒指表面要求呈中间厚两边薄的圆弧型，中间最厚处为2mm；两边最薄处为0.5mm
外圈和内圈表面均为无图案的光面处理
制作时间：2天

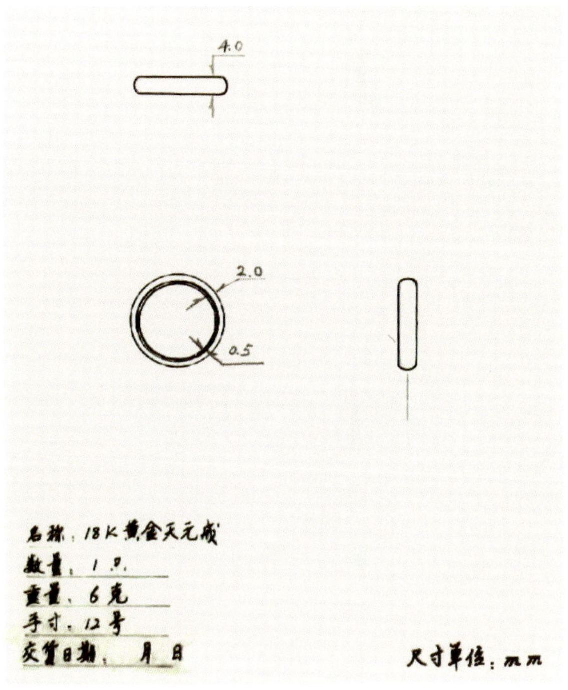

图1-1　天元戒的制作设计图稿

制作步骤：

一、如何看设计图稿 知识点

笔式热导仪的工作原理及操作方法：

仔细读图（图1-1），领会设计思想和要求是制作蜡雕首饰的第一步，也是非常重要的一步。首饰生产应当实行设计师责任制。设计是作品的灵魂和核心，是作品成败的关键，设计师设计每一件首饰都应有其特定的设计构想和理念。当制作人员拿到设计人员的制作图稿时，绝不要急于马上开始制作，一定要花时间认认真真、仔仔细细阅读图稿以及图稿所附的文字说明和尺寸要求。如果对其中的某个地方有疑问，则必须向该图稿的设计人员提出询问；如果有需要改动的地方，则必须征得设计人员同意后方可进行更改。倘若设计人员坚持其原来的要求，则必须严格按照设计人员的要求进行制作。当然，如果由此而产生的错误及相关责任，也必须由设计人员承担。

二、制作蜡模雕刻所需工具 知识点

蜡模雕刻除了使用专用的金属制的雕刻工具之外，还有专用的锉刀、锯条及焊具等制作工具。专用的雕刻工具是一种长约13cm的金属刀具，有5件一套的，也有12件一套的。每件刀具有单头的，也有两头各有一种不同形状的双头的。各种不同形状的刀头根据不同的需要而灵活使用。最常用的有中尖刀、圆头刀、平头刀、弯头刀等几种（图1-2、图1-3）。

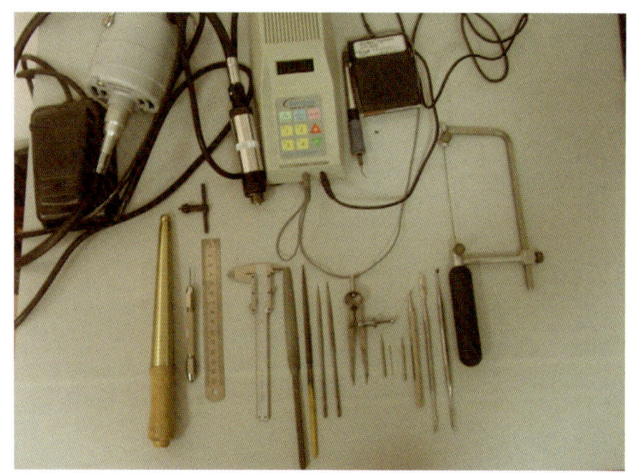

图1-2　各种不同的制作工具

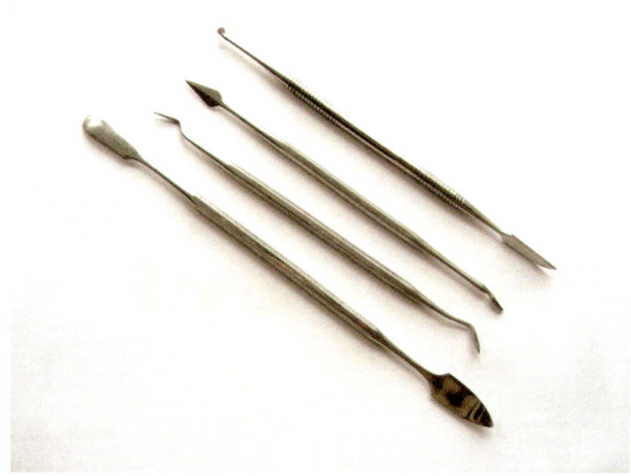

图1-3　各种不同形态的专用双头雕蜡刀

专用双头锉刀的特征是锉齿比较粗长，有点类似于木工用的木锉刀（图1-4）。但我们平时锉制金属材料用的粗齿锉也可以用来锉制蜡材，当然，锉制金属材料用的粗齿锉不可能像专用的蜡材锉刀那么快捷，而且锉下来的蜡粉也容易黏在锉齿上，需要不断地进行清除。但是，到最后的蜡模整理阶段，还是要用锉制金属材料的细齿锉进行光洁修整的。

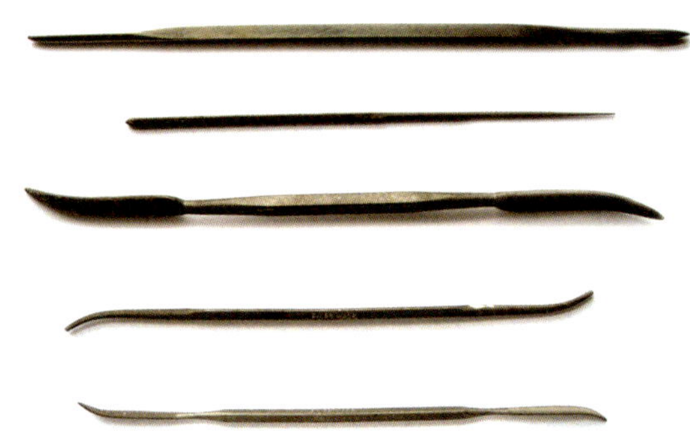

图1-4　各种不同形态锉蜡用的专用双头锉刀

锯蜡有专门锯蜡用的锯条（图1-5）。这种锯条呈麻花状的旋转形态，锯齿分布于四周。这种锯条不仅便于快速锯割，而且非常便于锯割线路的转弯，因此，对于锯割一些弯曲的线路尤其方便。我们一般在落料时均采用这种粗齿锯条，但在开槽或锯镂空花纹等一些精细的部位时，则要采用平时金属镶嵌用的细齿锯条。

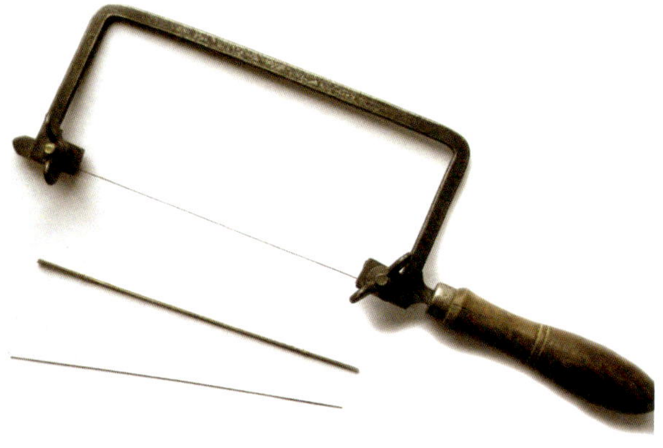

图1-5　锯子和锯条

焊蜡用的焊具实际上是一种可调温度的电热工具，焊具的焊头根据需要有圆头、尖头和弯头等不同的形状（图1-6）。平头适宜焊蜡模大面积的部位；尖头适宜于蜡模细小部分的熔接；弯头适宜于对蜡模作深入或转折部位的熔接。

图1-6 焊蜡工具

三、选择相应的蜡材 知识点

蜡模雕刻的材料是采用一种经特殊加工制成的蜡。这种蜡根据其硬度可分为3种型号，并分别以3种不同的颜色进行区别（图1-7）。其中，绿色蜡硬度最高，因而适宜于细小的容易断裂的蜡模造型的雕刻；紫色蜡硬度居中，因而适宜于一些结构较为复杂的蜡模造型的雕刻；蓝色蜡硬度最低，适宜于结构较简单的蜡模造型的雕刻。硬度高的绿色蜡相对比较脆，容易断裂，但雕刻下来的蜡屑在25℃的常温下如同一般的粉末，不像硬度低的蓝色蜡会有黏性，因而在整个制作过程中工件都会比较干净，而且也比较容易看清楚，所以只要制作者手中的力量掌握得好，用绿色蜡制作模具应当是较理想的一种选择。

图1-7 各种不同颜色的蜡材

此外，蜡模的材料根据不同的制作需要还有不同的形状规格（图1-8、图1-9）。例如有普通的长方块形状；有从3mm～20mm不同厚度的片材；有适宜戒指制作的中孔圆形棒材；有适宜于制作各种齿牙和线条线材，这种线材的规格通常有从0.5mm～3mm粗细不一的各种型号。

当然，以上所介绍的蜡材都是硬蜡材，此外还有一种软蜡材，我们将在项目四的“软蜡模首饰的制作部分”进行专门介绍。

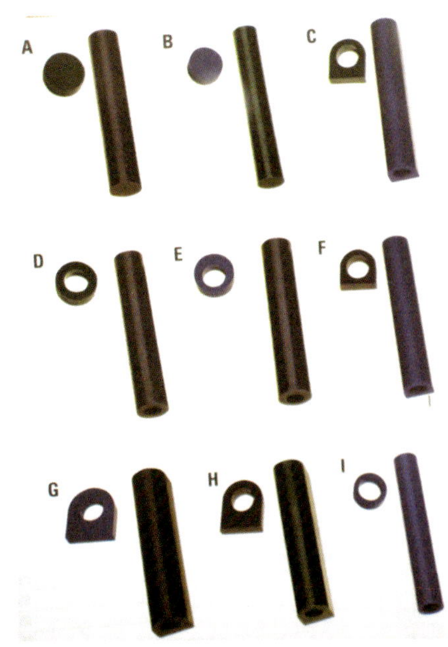

图1-8 各种不同形状的戒指蜡材

图1-9　各种不同粗细尺寸的蜡线材

由于此件作品造型相对比较简单，因此采用蓝色或绿色的蜡材来进行制作是较为适宜的。

四、根据需要对蜡材进行切割

（1）确定戒指的宽度（图1-10）。

（2）在蜡材上刻画出戒指的宽度（图1-11）。

知识点　蜡材的收缩率是指蜡材在浇铸过程中经高温溶解，然后再冷却成型后所造成的收缩比率。根据实际操作的经验，其收缩的比率应该在3％～5％之间。

我们在制作之前，必须预先考虑到蜡材的收缩

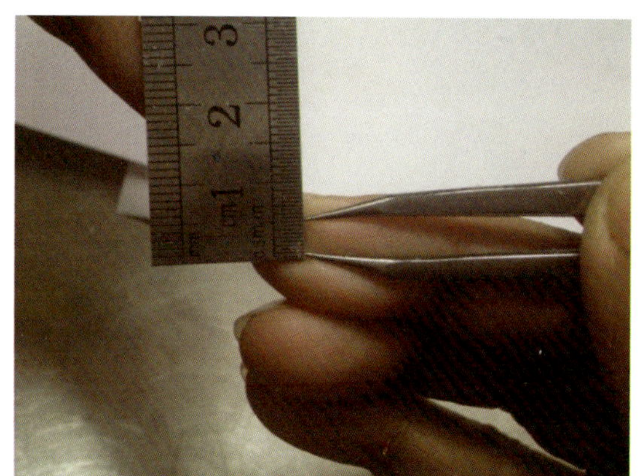

图1-10　确定戒指的宽度

图1-11　在蜡材上刻画出戒指的宽度

率，适当多留0.2mm。锯割时，应沿着锯割线的外侧进行锯割，锯割完成后保留锯割线，以便于修整时参照。

（3）用粗齿锯条进行锯割（图1-12）。

图1-12　用粗齿锯条进行锯割

（4）锯割后并经锉平的样子（图1-13）。

图1-13　锯割后并经锉平的样子

注意：此时锉平通常采用齿口粗细较为适中的锉刀进行锉制，最重要是，要求保证尺寸的准确性及形态的平整性，而表面的光洁度则不必过分地去追求。

五、根据要求用锉刀锉出内圈手寸尺寸

（1）查看原有手寸大小（图1-14）。

图1-14　查看原有手寸大小

（2）按照图纸用半圆锉锉至所需手寸（图1-15）。

图1-15　用半圆锉锉磨

（3）确定完成手寸大小（图1-16）。

图1-16　确定手寸大小

注意：考虑到蜡材浇铸后的收缩变化，蜡材的手寸一般应适当放大半号，故此件蜡模制作完成的手寸应为12号半。

六、确定并锉制戒指的厚度

（1）确定戒指边缘的厚度（图1-17）。

图1-17　确定戒指边缘的厚度

（2）然后确定戒指总的厚度（图1-18）。

图1-18　确定戒指总的厚度

（3）锉出戒指的厚度（图1-19）。

图1-19　锉出戒指的厚度

七、锉制表面圆弧

（1）用铁笔圆规画出戒指表面的中心线和两边的厚度线（图1-20）。

图1-20　画出戒指表面的中心线和两边的厚度线

（2）用粗扁圆锉锉出戒指表面两边的圆弧形态（图1-21）。

图1-21　锉出戒指表面两边的圆弧形态

圆弧的锉制方法 知识点

锉圆弧的形态，首先要求弧度的顺畅，而做到弧度顺畅的关键，则在于锉刀必须顺着工件的表面从左至右或从右至左用力平稳、渐进有序地锉制，锉制好一侧再锉制相对应的另一侧。如此两侧先后不断地交替进行，直至最后整个圆弧锉制完成。尤其要强调的是，两边的锉制用力大小及锉制次数都要相同，切不可随意，否则两边的形态就会不一样。其次，我们要求圆弧的形态必须饱满，因为饱满的形态更显得突出、更富有立体感。

八、用细齿半圆锉对整个戒指进行光洁处理

（1）先用细齿锉进行整理（图1-22）。

（2）再用刮刀进行光洁处理（图1-23）。

图1-22　用细齿锉进行整理

图1-23　用刮刀进行光洁处理

九、核对设计图

（1）对照设计图稿核对整体形态尺寸（图1-24）。

图1-24　核对整体形态尺寸

（2）用手寸棍检测、核对手寸大小（图1-25）。

图1-25 核对手寸大小

（3）确定完全符合要求后交货。

十、检验成品

（一）成品的检验方法 知识点

检验成品应当根据从整体到局部，再深入到细部的顺序，着重从以下4个方面进行：

（1）检查所有的尺寸是否同设计图相符合。

（2）从正视、侧视、俯视等不同角度观察形态是否准确。

（3）各个部分面是否平顺光洁。

（4）各个部分的细部，包括隐蔽部位的细部是否全部整修到位，务求尽善。

（二）蜡材的重量和18k黄金重量的比率

蜡材的重量和18k黄金重量的比率为1:16左右，因此，此件蜡模完成后的重量应为0.5克，考虑到后期抛光的减损因素，应当增加2%～3%，故此件蜡模的最后重量应为0.51克左右。

蜡材和金属产品的重量比率是首饰蜡材模型雕刻工艺中非常重要的知识点，因此必须牢牢记住，因为这将直接关系到是否能准确把握后期成品的重量，以及是否能准确控制产品的成本价位。当然，在全部浇铸完成后，也能对工件进行重量的增益和减损的调整。但这是在不得已的情况下进行的，因为这不仅会造成贵金属不必要的损耗，而且从工艺上来讲，修整金属肯定要比修整蜡材复杂费时得多。

相关活动 组织学生观看国外先进的蜡材雕刻教学影像资料，并由教师进行讲解。

思考题 如何准确领会设计图的设计思想，如何准确按照设计图的要求达成制作。

举一反三 尝试在天元戒的基础上利用自修时间为自己设计并制作一件有刻面花纹图案的蜡模戒指，手寸大小根据自己的手寸来确定。

友情提示 金属实物完成后，由自己佩戴，应坚持至少戴一个月，在这一个月中注意发现不足的地方并记下自己的切身感受。

项目二
有宝石蜡模首饰的制作

任务模块　齿镶式宝石戒的制作

某日，某首饰商场加工部门接到一位70岁左右老太太的加工订单，具体要求如下：

任务单
名称：18K黄金红宝石戒
数量：1只
重量：约12克（18k）
手寸：12号
宝石尺寸：5mm×7mm圆弧面形一颗
特点：宝石托子为二层四齿式，下层尺寸为3.5mm×5.5mm，两层中间镂有间隔，托子高度为4mm，托子厚度为0.8mm宝石齿高为2.5mm
戒脚宽度：底部最窄处2.3mm；肩部最宽处5mm
戒脚厚度：底部最薄处1.1mm；肩部最厚处1.5mm
戒脚表面要求稍呈中间厚两边薄的圆弧形态
制作时间：3天

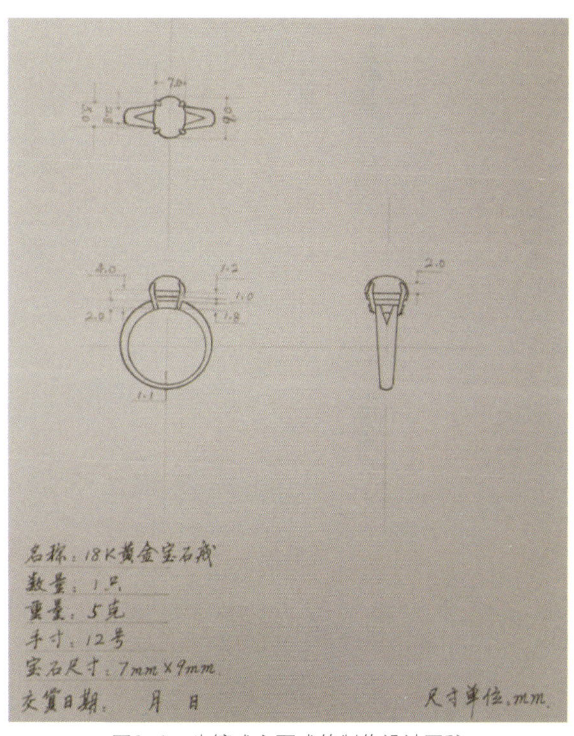

图2-1　齿镶式宝石戒的制作设计图稿

制作步骤：

一、设计图稿

认真阅读图稿（图2-1）以及图稿所附的文字说明和尺寸要求，仔细分析理解各个部位间的大小尺寸和相互间的比例关系，尤其是宝石托子和戒脚之间的比例关系。严格按照设计图纸进行制作。如果对其中的某个地方有疑问，则必须与该图稿的设计人员进行沟通协商；如果确实有需要改动的地方，则必须征得设计人员同意后方可进行。

二、选择相应的蜡材

根据设计图纸的要求选择不同形状和不同颜色的

蜡材。由于此件作品是一件镶宝石戒指，造型要求相对复杂，制作的精密程度也相对较高，因此，我们确定此件蜡模不宜采用硬度较低的蓝色蜡材，而应当选择紫色或绿色的蜡材来进行制作（图2-2）。

由于蜡材比较脆弱，非常容易折断，尤其当作品接近完成时，各部分更为细薄，一不小心就会断，因此，在制作过程中左手捏蜡的部位非常有讲究。首先，原则上应当要求捏在工件的粗的或厚的部位，此外，左手捏蜡的部位和工作点之间的距离不可太远，同时还要根据工作点的移动推进而及时移动调整左手的捏蜡部位。

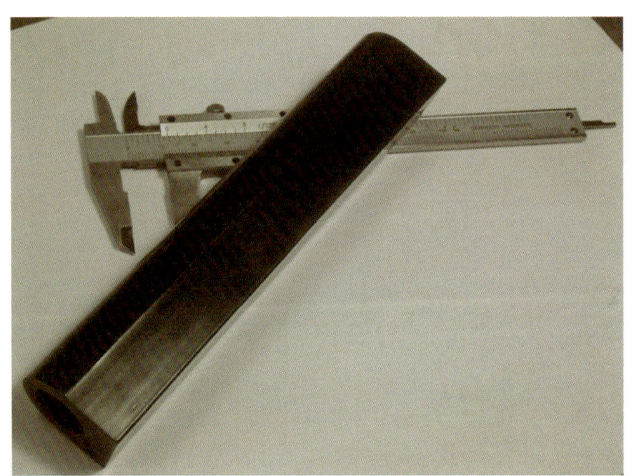

图2-2　选择相应的蜡材

三、根据需要对蜡材进行切割

（1）用游标卡尺刻画出戒指的宽度（图2-3）。

图2-3　用游标卡尺刻画出戒指的宽度

（2）用粗齿锯条进行锯割（图2-4）。

图2-4　用粗齿锯条进行锯割

（3）落料完成的形态（图2-5）。

图2-5　落料完成的形态

四、对锯割的表面用锉刀进行平整（图2-6）

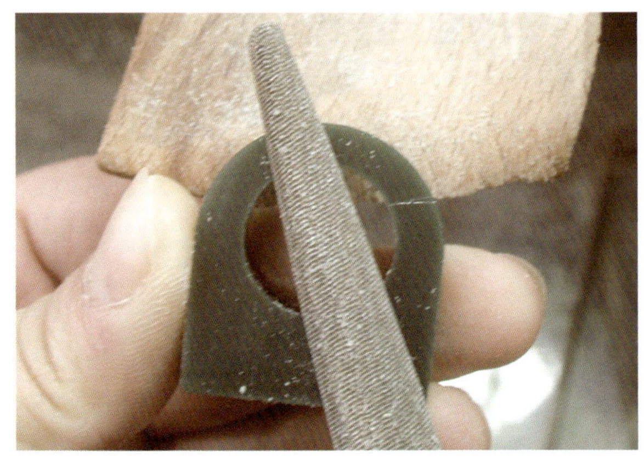

图2-6　对锯割的表面用锉刀进行平整

锯割时尺寸的预留 知识点

锯割时，要预先考虑到蜡材的收缩率，因此在锯割时应考虑适当预先多留0.2mm余量，并且注意锯割的时候应当锯割于锯割线的外侧，千万注意不要一并将划好的锯割线锯掉。因为锯割线对于后道工序的锉制同样具有重要的参照作用。

五、用铁笔圆规画出戒指表面的中心线

（1）画出戒指正面的中心线（图2-7）。

图2-7　先画出戒指正面的中心线

（2）画出戒指顶面的十字中心线（图2-8）。

图2-8　画出戒指顶面的十字中心线

（3）画出戒指顶面的钻石尺寸（图2-9）。

图2-9　画出戒指顶面的钻石尺寸

六、用铁笔画出戒指的尺寸形态

（1）用铁针笔以扎点的方法将图稿扎到蜡材上（图2-10）。

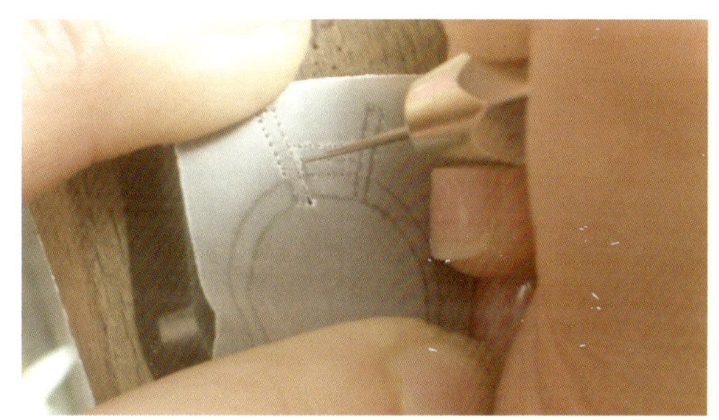

图2-10　用铁针笔将图稿扎到蜡材上

（2）用铁针笔将点连接起来并刻画出准确的尺寸形态（图2-11）。

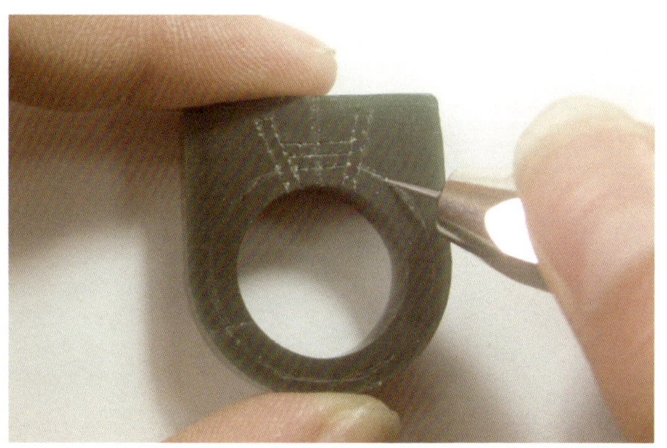

图2-11　用铁针笔连接各点，并刻画出准确尺寸形态

（3）用铁针笔刻画出戒指侧面的尺寸形态（图2-12）。

图2-12　用铁针笔刻画出戒指侧面的尺寸形态

七、用粗锉锉出戒指的手寸大小

（1）用半圆锉锉出准确的手寸尺寸（图2-13）。

图2-13　用半圆锉锉出准确的手寸尺寸

（2）在刻有手寸标记的手寸棍上确认手寸的大小（图2-14）。

图2-14　在手寸棍上确认手寸的大小

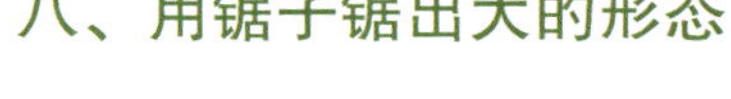

八、用锯子锯出大的形态

（1）用粗齿锯条锯出戒指的轮廓形态（图2-15）。

图2-15　用粗齿锯条锯出戒指的轮廓形态

（2）锯割完成的样子（图2-16）。

图2-16 锯割完成的样子

图2-18 用粗齿锉锉制戒脚的宽度

九、用粗锉锉出戒指的形态

（1）用粗齿锉锉制戒脚的厚度（图2-17）。

进行这一步时，要注意宝石的牙齿部分较容易折断，先不要锉。

图2-17 用粗齿锉锉制戒脚的厚度

（2）用粗齿锉锉制戒脚的宽度（图2-18）。

十、制作宝石托子

（1）用针笔画出宝石托子的图案（图2-19）。

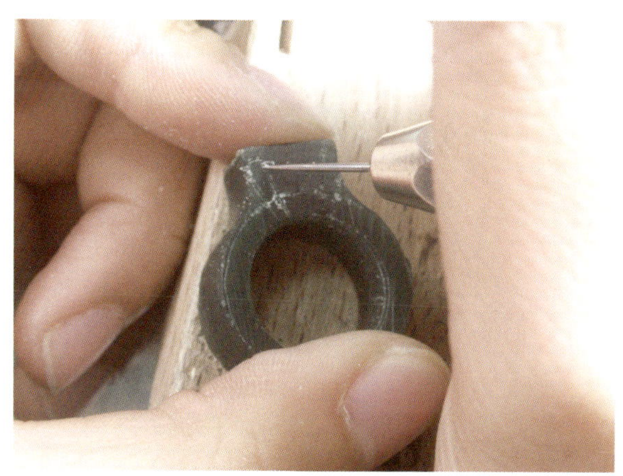
图2-19 用针笔画出宝石托子的图案

（2）用针笔重新画出主钻石托子的形态（图2-20）。

图2-20　用针笔重新画出主钻石的形态

（3）确定并锉出宝石托圈高度（图2-21）。

图2-21　确定并锉出宝石托圈高度

（4）对托圈顶面进行平整（图2-22）。

图2-22　对托圈顶面进行平整

（5）锉制托圈的外侧面（图2-23）。

图2-23　锉刻托圈的外侧面

（6）刻画出戒脚肩部的开口（图2-24）。

图2-24　刻画出戒脚肩部的开口

（7）雕刻肩部开口的形态（图2-25）。

图2-25　雕刻肩部开口的形态

进行至本步时，要求能把艺术设计的美学知识运用到雕刻制作中去。造型要求优美、立体、精准；块面要求平整、光滑、洁净；线条要求明确、顺畅、饱满；点的分布要求整齐、和谐、匀称。

十一、用蛇皮钻对宝石托子内部进行挖空

（1）边缘宜保留约0.8mm厚度（图2-26）。

图2-26 边缘保留一定厚度

（2）检查是否准确（图2-27）。

图2-27 检查是否准确

（3）用大圆头钻挖出大致形状（图2-28）。

图2-28 用大头钻挖出大致形状

（4）用小圆头钻进行修整（图2-29）。

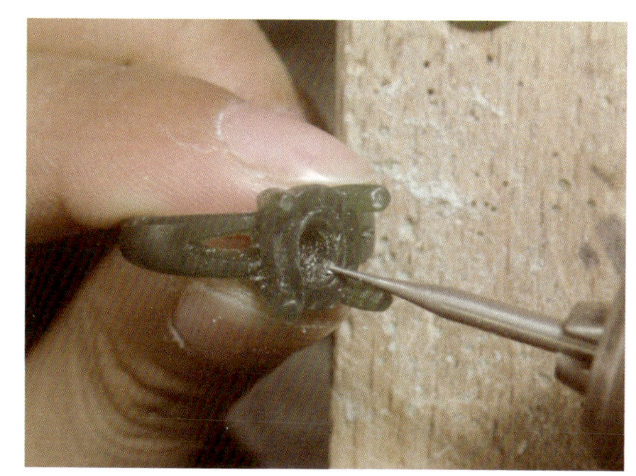

图2-29 用小圆头钻进行修整

十二、用锉刀锉出宝石牙齿的形态

（1）用小半圆锉锉出宝石牙齿的形态（图2-30）。

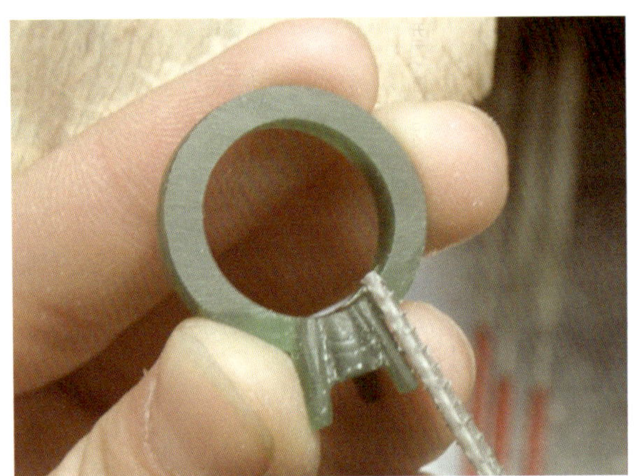

图2-30　用小半圆锉锉出宝石牙齿的形态

（2）锉制完成的样子（图2-31）。

图2-31　锉制完成的样子

十三、用细齿锉对整个戒指进行表面整理

细齿锉整理的作用主要有两点：第一是锉去原先粗齿锉留下的锉痕，使得表面细致漂亮；第二是微调形体，使得形体更为精妙优美。

（1）用细齿锉进行整理（图2-32）。

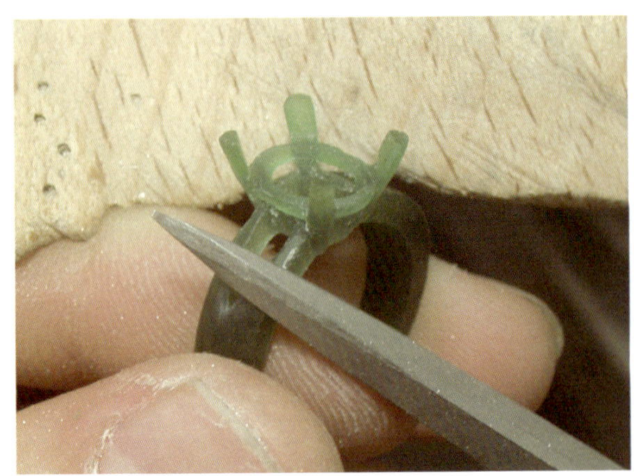

图2-32　用细齿锉进行整理

（2）用刮刀进行光洁处理（图2-33）。

刮刀的作用在于能够刮除原先细齿锉留下的锉痕，使蜡模的表面显得光亮如镜、精彩动人。

无论是细齿锉的表面整理还是刮刀的光洁处理，经过此两道工序处理过的工件，浇铸出来的铸件表面也会显得比较洁净，不仅为后期的执模整理节约了大量的时间和人力，而且更重要的是，可以大幅降低贵金属的损耗。因此，我们在制作过程中要切实考虑产品制作的成本因素，严格按照规定的程序和要求进行制作。

图2-33　用刮刀进行光洁处理

十四、核对设计图，确定完全符合要求后交货

（1）核对整体形态（图2-34）。

图2-34 核对整体形态

（2）核对尺寸大小（图2-35）。

图2-35 核对尺寸大小

蜡材的重量和18k黄金重量的比率为1:16左右，如果以12号手寸计算，此件蜡模完成后的重量应为0.75克。考虑到浇铸后整修及抛光的减损因素，应适当增加2%～3%，故此件蜡模的最后重量应为0.77克左右。

首饰蜡材模型雕刻工艺中的蜡材和最后金属产品的重量比率是非常重要的。尤其是对于蜡材和铂金的比率、蜡材和足金的比率、蜡材和18k黄金的比率、蜡材和14k黄金的比率，以及蜡材和银的比率等等，不仅要知道，而且必须熟记于心，并严格按照规定和要求进行生产制作。

相关活动 欣赏和阅读各种国内和国际优秀的蜡雕作品，并选择其中具有典型性的作品以小组和班级为单位，进行仔细分析讲解，同时也安排学生进行分析点评锻炼。

思考题 蜡模首饰在后续的浇铸过程中会产生什么变化？如何了解和掌握蜡模首饰浇铸后的伸缩变化规律？

举一反三 尝试在此基础上利用自修时间，用蜡材制作一件宝石尺寸为7mm x 9mm的弧面蓝宝石包边齿口的男式或女式戒指，经浇铸成型及整修完成后，在父亲节或母亲节的时候作为节日礼物赠送给父母亲，以感恩父母亲多年来对自己养育之恩。手寸大小按父母亲的实际手寸来确定。

友情提示 设计时详细了解父母亲的爱好和要求，在制作过程中随时交流沟通，完成后长期跟踪，注意信息反馈。

项目三
精密蜡模首饰的制作

任务模块1　胸饰的制作

某日，某首饰商场加工部门接到一位55岁左右女顾客的加工订单，具体要求如下：

任务单
名称：Pt990铂金胸饰
数量：1件
重量：约15克（18k）
厚度：0.6mm
尺寸：宽5.2mm、高2.2mm
制作时间：4天

制作步骤：

一、设计图稿

图3-1　胸饰制作设计图稿

二、选择相应的蜡材

图3-2　选择相应的蜡材

（一）蜡材的熔接以及熔蜡器的使用方法 知识点

蜡材因其脆弱而容易断裂，但我们可以借用熔蜡器进行熔接。熔蜡器的功能不仅仅可以对断裂的蜡材进行修补或对缺陷进行修改，而且还可以用来进行宝石齿爪的点铸以及部位之间的拼接等。但必须说明的是，经溶解冷却后的蜡材其硬度会发生变化，比未经溶解时要软一些，这对于后面工序的进行会在一定程度上造成影响。

熔蜡器因其功率和产地不同而有多种品牌和型号（图3-3、图3-4）。

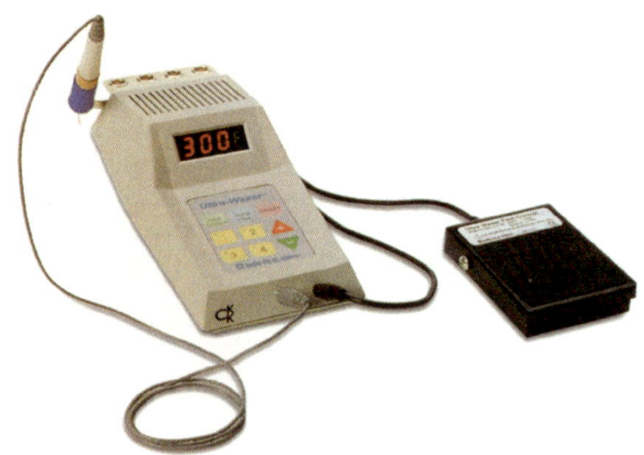

图3-3　美国产的熔蜡器

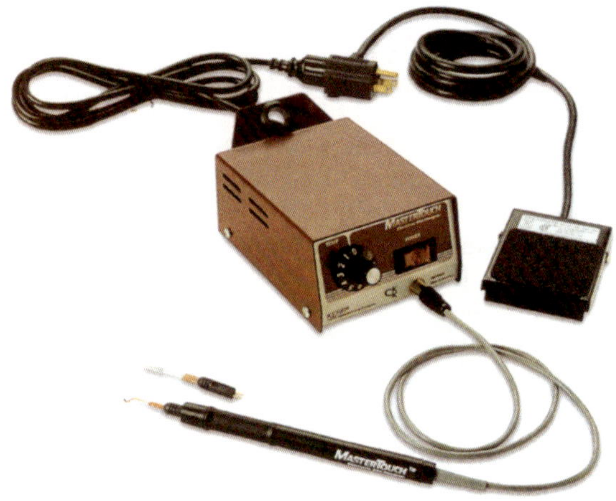

图3-4　美国产熔蜡器配套的各种不同形态的熔蜡笔

（二）熔蜡器和熔蜡笔

熔蜡器主要由温度控制器和熔蜡笔两大部分所组成。温度控制器主要有电源开关、温度加减开关等。熔蜡笔的笔头有多种不同的形状，这些不同形状的笔头可以根据实际需要随意更换（图3-5）。

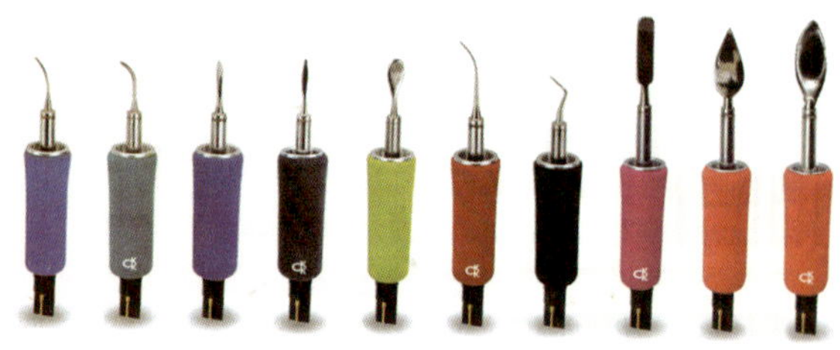

图3-5　另一种熔蜡器和熔蜡笔

一般熔蜡器的温度以摄氏度“℃”表示，最高可达到370℃，而通常的工作温度是在150～300℃之间；有的熔蜡器的温度是以华氏度“℉”表示，最高可达到700℉，而通常的工作温度是在300～600℉之间；还有的熔蜡器的温度是以0～10的刻度表示，0代表最低温度，10代表最高温度，而通常的工作温度是在3～7之间。

熔蜡器的使用方法有5种，具体为：

1. 补接法

对于断裂的部位或某些需要连接的部位适宜采用补接法，方法是：

（1）首先选择扁或尖的笔头，再将熔蜡器的温度调到315℃（600℉或刻度6左右），约半分钟后即可达到所需温度。

（2）温度达到后，先对着需要连接的缝口轻轻点烫一下，目的是固定位置。

（3）查看位置是否固定准确。如不准确，则需断开重新进行固定；如准确无误，则可进行下一步程序。

（4）用插入的方法将笔头平行插入接缝处，注意先不要接触到原先固定位置的地方，以避免位置移动，同时要求将笔头深入缝隙的内部。

（5）按照上一步的方法对接缝处的四周进行烫接。

（6）由于前面的烫接，表面会产生凹陷不平的缺口。补缺口的方法是先将笔头在废蜡材上蘸点蜡料，然后对着凹陷处的表面轻轻触点上去，如果凹陷是线条，也可采用拖移的方法进行填补。注意，填补部位必须高于周边其他地方。

（7）数秒钟后熔接的蜡即可固化，此时便可用粗齿锉轻轻进行修整，最后再用细齿锉进行光洁处理。注意：经烫接过的地方蜡的硬度会比其他部位软一些，因此不可用雕蜡刀进行光洁处理，否则会刮出凹痕。

2. 堆砌法

对于一些凹陷或过细过薄的部位需要增高增粗或增厚，适宜采用堆砌法（图3-6），方法是:

（1）首先将熔蜡器的温度调到650℃（343℉或刻度7左右）。

（2）然后用熔蜡笔在其他的蜡材上挑取一些蜡液，用平涂的方法将蜡液均匀地涂在需要增高和增厚的部位。需要注意的是，熔蜡笔必须接触到工件的表面，以使涂上去的蜡液和原先的蜡能真正熔接在一起，否则可能会造成重新脱落的现象。另外，蜡液的堆砌不仅要均匀，而且尽量要比实际需要粗厚些，以便于锉制整形。

（3）用粗齿锉轻轻地锉出需要的形态和尺寸。

（4）用细齿锉进行光洁处理。

3. 点铸法

对于一些小钻石的齿爪或装饰性的小圆珠适宜采用点铸法（图3-6），方法是:

图3-6　戒指侧面的许多圆珠就是采用点铸法的工艺制作而成的

（1）首先将熔蜡器的温度调到260℃（500℉或刻度5左右）。

（2）用熔蜡笔在其他的蜡材上轻轻蘸取一些蜡液，再轻轻地点到工件所需的位置。这种方法并不是一次性完成的，第一遍只是稍稍高出一点点。

（3）再用与第二步相同的方法在原来的位置上进行加高。一般来说，小圆珠只要加高一次就能达到要求，但如果是齿爪，就有可能要重复进行多次，直至达到实际需要的高度为止。这里需要特别注意的是，重复的增高，不仅要注意控制好齿爪的粗细（熔蜡笔上蘸的蜡多，点铸出来的齿爪就会粗些；反之就会细些），而且还要注意控制好齿爪的直挺，切忌弯曲。

（4）如果需要，可用小的细齿锉或刮刀进行修整。

美国首饰近几年流行一种新古典主义的风格，这种新古典主义风格就是采用新的制作技术和设备结合古典主义精致繁复的图案，古为今用地创作出新型的古典首饰（图3-7）。这种古典首饰造型复杂、图案丰富、制作工艺精致，而在图案设计中多采用细密点的大量排列方式，因此在制作中点铸法也得以大量运用。

图3-7　新古典主义风格的戒指

图3-8　一款用各种大小不同的钻石组成的拉链造型的项链，各种钻石的齿爪都是用点铸法的工艺制作而成的

4. 热熔法

对一些排列整齐的装饰性的小圆点，有一种较为快捷而简便的制作方法，即先用锉刀把它锉割成一个个小方点，再用热熔的方法把小方点熔烫成小圆点。此方法同样也适用于某些齿爪的头部。具体操作方法是：

（1）首先将熔蜡器的温度调到370℃（700℉或刻度7左右）。

（2）用熔蜡笔垂直在已经锉制整齐的小方点上轻轻触点一下，原来的小方点就会立即溶化成小圆点，从左到右，依次一个个点过去。注意：触点的力度一定要保持尽可能一致，否则会造成大小高低不一的现象。此外，熔蜡笔在点铸过一个点以后，必须把笔头上残余的蜡液清除掉，否则，会造成后一个点比前一个点大的现象。等到完成后，综观全部，会形成高低不一、粗细不同的不整齐的结果。

（3）用钝头划针进行修整。如果要制作牙齿，也可以采用这种方法。但要在此基础上不断多次重复堆积，达到所需高度后，再进行修整处理。

5. 热烘法

对于某些需要特殊光亮效果的部位，如圆弧的光面等，则可以采用热烘法。方法是：

（1）首先将熔蜡器的温度调到370℃（700℉或刻度7左右）。

（2）将熔蜡笔同蜡的表面保持约2mm左右的距离，顺着蜡的表面慢慢均匀地移动，蜡表面由于受到热量烘烤的作用会产生轻微的溶解，待冷却后将自然形成光亮的效果。

此方法的技术要求较高，初学者一般难以掌握，需经过一定时间的训练后才能正式进行操作。

此外，对于一些棱角分明的蜡件，如果采用热烘法进行光亮处理，则会造成棱角模糊的后果。因此，是否需要采用热烘法，应当从实际出发，根据实际需要而定。

三、上稿

上稿就是按1:1设计好的图纸拷贝到蜡材上去。一般来说，有三种常用的上稿方法：

1. 扎点法

扎点法就是直接将图纸复在蜡材上，用尖细的针笔沿着轮廓轻轻扎点。注意点不可扎得太深，而且要注意将点扎在轮廓线的外侧。扎好点以后，可用蜡的粉末或白颜料轻轻擦在蜡材上，扎的点就会清晰地显示出来。

2. 复印法

复印法是先在蜡材上涂上白色颜料，然后在首饰图纸和蜡材中间夹一张蓝印纸，用笔进行描画复印。

3. 直接用针笔在蜡材上进行刻画

直接在蜡材上刻画这种方法要求较高，对于不确定的部分必须先轻轻定位，然后再用稍重的力量加以肯定。上稿如有重大的错误需要更改，可用锉刀锉去痕迹后再重新上稿。具体步骤为：

（1）在稿件的背面用铅笔进行涂划（图3-9）。

图3-9　在稿件的背面用铅笔进行涂划

（2）在涂有白色的蜡块上覆上画稿并用针笔刻画轮廓（图3-10）。

图3-10　用针笔刻画轮廓

（3）画好后的轮廓稿，不清楚的地方可用笔修整（图3-11）。

图3-11　画好后的轮廓

四、根据需要对蜡材进行切割

此步骤也叫落料。上稿完成以后必须仔细检查，确定无误后方可落料。落料先从轮廓部分开始，注意必须留有0.2mm左右的余地。落料可先用较大的工具切割，如用锯子或粗齿钻头来进行。用锯子和粗锉刀锯锉出大致轮廓，注意要在容易断裂的地方预留出连接。

图3-12　切割蜡材

五、定型

落好料的蜡件是相当粗糙的，下一步就要用粗锉刀等工具进行定型。定型的作用主要是根据图形要求把造型准确地确定下来，但是对于一些孔洞及其他造型部分，也可以用粗锉刀或不同大小形状的钻头进行雕刻。

具体步骤为：

（1）对轮廓进行修整定型（图3-13）。

图3-13 修整定型

（2）刻画出高低细部（图3-14）。

图3-14 刻画细部

（3）背面粗宽的地方进行挖槽处理（图3-15）。注意制作时要预先考虑到蜡材的收缩率，适当多留0.2mm的余量。挖槽可先用比实际需要小一些的圆头钻挖出凹槽，而后再用与实际尺寸相同的圆头钻进行修整。挖槽的要领是握杆要紧、行进要稳、头尾明确、顾全整体。虽然是工件的反面，但仍要求平顺光洁，这不仅是为了保证产品的高质量，同时还可以在很大程度上节省产品的用材。

图3-15 在背面粗宽的地方进行挖槽处理

六、拼接

如果是需要分成多个部分的蜡件，在这个时候就要按设计图稿的要求，把各个部分用热焊的方法拼接起来。注意拼接一定要准确，绝不可有丝毫误差。拼接时必须先用橡皮泥或其他方法稳定地固定好需拼接的部分，然后在尽可能隐秘的部位进行熔焊。熔焊的部位切忌太大，以焊住为原则。

七、修整

修整是用细齿锉等进一步对蜡模深入进行细部刻画，并把粗锉留下的锉刀痕迹或拼接后留下的痕迹仔细地清理掉，同时把支撑连接也清除掉，并对整体造型进行检查调整。

蜡膜首饰的精度要求 知识点

精密蜡模首饰制作的精度要求，务必计算把握得当。槽的两边厚度应各保留0.7mm，钻石下沉的高度应以钻石最高表面比槽两边高度略低0.2mm左右为宜；槽的宽度应比钻石的宽度稍窄0.2mm左右；槽的长度应比钻石排列实际尺寸略短0.5mm左右。因为在以后的镶制时，可以根据最后的实际尺寸要求很方便地进行拓长。钻石的位置应当以正好放入为最妥当，这样，在浇铸过程中产生的收缩，

刚好被镶制前必要的整修清理所抵消。

八、核对设计图，确定完全符合要求后交货

图3-16　核对整体

注意： 蜡材的重量和Pt990铂金重量的比率为1:20左右，因此，此件蜡模完成后的重量应为0.75克，考虑到后期抛光的减损因素，应当增加2%～3%，故此件蜡模的最后重量应为0.77克左右。

蜡材的收缩方向 知识点

蜡材的收缩方向是我们在蜡材设计制作中一个非常需要重视的问题。明确并预知其收缩方向，不仅对造型形态变化和各种大小厚薄尺寸的把握具有重要作用，而且还是一个关系到整个作品是成功，还是报废的根本性问题。因此，我们必须切实认真地掌握此项知识，并且在实践中仔细体会和不断总结。

蜡材的收缩方向，从根本上来讲是向内收缩。但这种向内收缩有两种：一种是整个作品造型的向内收缩，另一种是材料粗细及厚薄的向内收缩。在实际生产中，这两种收缩是同时产生的。例如：一只天圆戒在浇铸后可能产生的收缩变化是：戒指的外圈不仅由于整个戒圈向内收缩会变小，而且由于戒圈本身厚度的向内收缩也会变小。由此可知，戒指的外圈的收缩是一种双重性的收缩变化，因此从理论上来讲，这种变化的比率是比较大的。但是，戒指的内圈就不一样了，一方面，整个戒圈向内收缩会使手寸变小，另一方面，由于戒圈本身厚度的向内收缩手寸，反而会使手寸扩大。因此，对于戒指的内圈来说，同时存在着两种相反方向的收缩变化。这两种相反方向的收缩变化在实际中会相互抵消，但是由于整个戒圈的收缩量大于戒圈本身厚度的收缩量，因而这种相反的方向收缩最终结果是，手寸略微有些缩小。

相关活动　组织学生欣赏和阅读国外优秀的精密蜡雕作品，选择其中具有典型性的作品，先由学生进行讲评练习，最后由教师进行深入的分析讲解。

思考题　进一步熟悉了解蜡模首饰浇铸后的伸缩变化，说出其伸缩变化的方向和百分比。

举一反三　尝试采用密镶的方法设计并用蜡材制作一件挂件饰品。由学生和教师共同评议，从中选出若干件具有市场性的优秀作品进行实际试生产，并且安排在相关销售网点进行销售。

友情提示　安排设计制作者到相关销售网点进行一定时间的实际销售体验，以自己的作品为切入点，从中深入了解顾客对自己作品的品评意见，切实感受顾客的实际需要以及市场的实际状况和导向。

任务模块2 钻戒的制作

中国黄金集团上海xx路旗舰店首饰加工部门接到一位30岁左右女顾客的加工订单，具体要求如下：

任务单
名称：Pt990铂金钻石戒
数量：1只
重量：约15克（18k）
手寸：15号
主钻石尺寸：直径5mm圆形一颗
副钻石尺寸：3mm×3mm方形六颗
宝石托子四齿式，副钻石为两边各3颗的槽镶式
戒脚宽度：底部最窄处3.3.mm；肩部最宽处4.4mm
戒脚厚度：底部最薄处1.2mm
戒脚内侧面要求稍呈中间略厚的圆弧形态
交货日期：5天

制作步骤

一、设计图稿

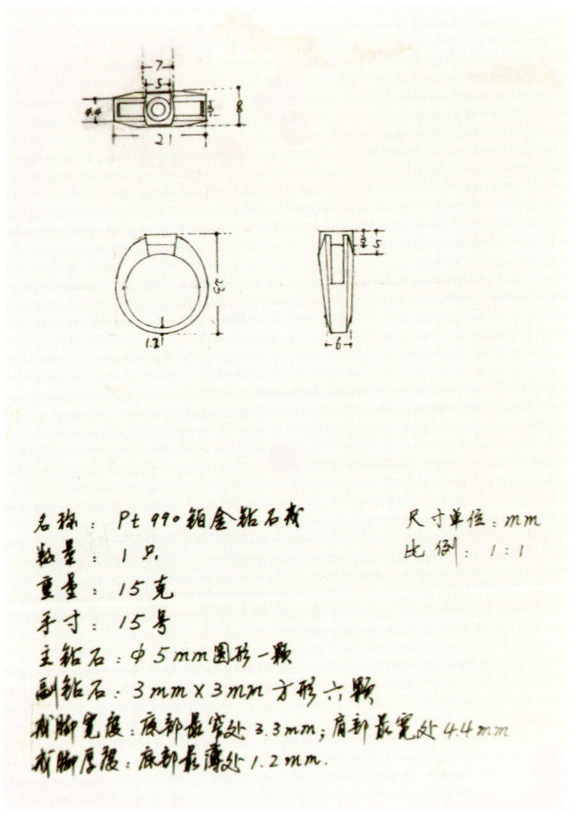

图3-17 钻戒制作设计图稿

认真阅读设计图稿以及图稿所附的文字说明和尺寸要求，仔细分析理解各个部位间的大小尺寸和相互间的比例关系，主宝石和副宝石之间的高低关系以及宝石托子的高低尺寸和厚度要求，严格按照设计图纸进行制作（图3-17）。

二、选材

（1）选择相应的蜡材（图3-18）。

图3-18 选择相应的蜡材

（2）根据需要对蜡材进行切割（图3-19）。

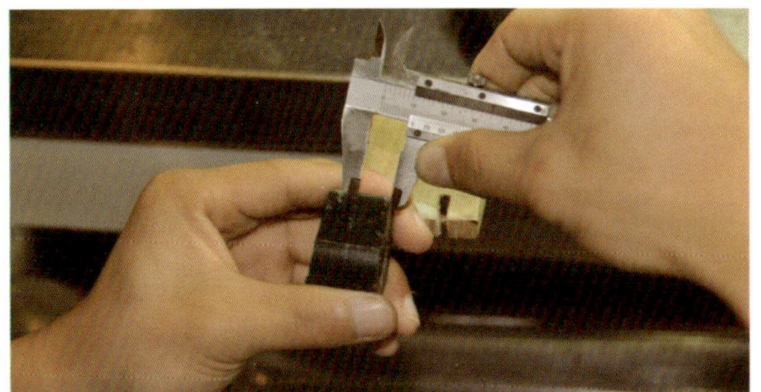
图3-19 对蜡材进行切割

（3）锯割宽度（图3-20）。

图3-20 锯割宽度

三、锉制手寸

锉制手寸分两步，具体为：

（1）用粗锉锉出戒指的手寸大小（图3-21）。

图3-21 用粗锉锉出戒指的手寸大小

（2）在手寸棍上检测手寸（图3-22）。

图3-22 在手寸棍上检验手寸

四、计算中心位置

计算中心位置的步骤为：

（1）用铁笔圆规划出戒指表面的中心线（图3-23）。

图3-23 划出戒指表面的中心线

（2）计算顶部中心位置（图3-24）。

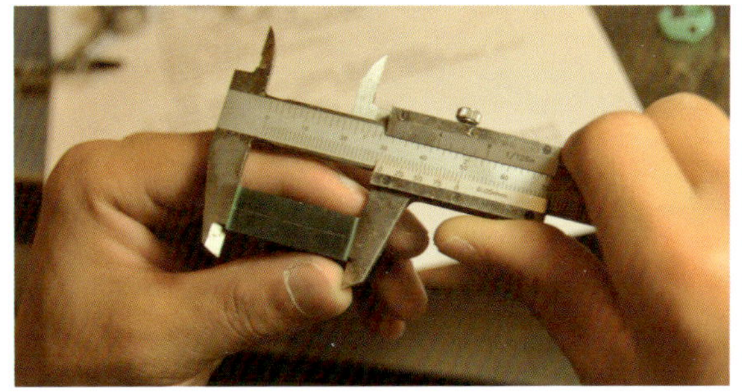
图3-24 计算顶部中心位置

（3）用铁笔圆规划出戒指顶部的中心线（图3-25）。

图3-25 划出戒指顶部的中心线

（4）用铁笔圆规划出戒指顶部钻石的位置（图3-26）。

图3-26 划出戒指顶部钻石的位置

五、锯锉形体

用锯锉形体的具体步骤为：

（1）用锯子锯出大的形态（图3-27）。

图3-27 用锯子锯出大的形态

（2）用粗锉锉出戒指的形态（图3-28）。

图3-28 用粗锉锉出戒指的形态

（3）锉制侧面的斜面形态（图3-29）。

图3-29　锉制侧面的斜面形态

六、锉制钻石托子

锉制钻石托子的步骤是：

（1）用针笔重新划出主钻石托子的形态（图3-30）。

图3-30　划出钻石托子的形态

（2）用小锉刀和蜡材雕刻刀进行镂刻（图3-31）。

图3-31　用小锉刀和蜡材雕刻刀进行镂刻

（3）用小锉刀和蜡材雕刻刀制作副钻石的槽托（图3-32）。

图3-32　制作副钻石的槽托

精密蜡模首饰的精度要求 知识点

注意精密蜡模首饰制作的精度要求非常高，必须认真把握，严格执行。此件产品戒肩槽的两边厚度应各保留0.7mm，钻石下沉的高度应以钻石最高表面为基准，比槽两边高度略低0.2mm左右；槽的宽度应比钻石的宽度稍窄0.2mm左右；槽的长度应比钻石排列实际尺寸略短0.5mm左右。这主要是因为多颗钻石在排列的时候会有一些细微的出入，适当缩短一点槽的长度是为了在万一钻石排列尺寸稍有短缺的情况下也能进行镶制；反之，如果排列的钻石长于槽的长度，镶钻师傅也可以很方便地对槽的长度进行调整。

七、用细齿锉对整个戒指进行光洁处理

图3-33 用细齿锉对整个戒指进行光洁处理

八、核对设计图，确定完全符合要求后交货

核对时，要对蜡模进行反复查看，既要俯视查看，也要正面查看，确保蜡模制作符合要求。

（一）俯视图

图3-34 俯视图

（二）正视图

图3-35 正视图

1. 材料的重量和Pt990铂金的重量比率

制作此件蜡模时需注意：蜡材的重量和Pt990铂金重量的比率为1:20左右，因此，此件蜡模完成后的重量应为0.65克，考虑到后期抛光的减损因素，应当增加2％～3％，故此件蜡模的最后重量应为0.67克左右，Pt990铂金成品重量在13克以内。

2. 埋石法 知识点

在实际生产制作过程中，出于方便和快捷的考虑，蜡雕制作技术人员会采用一种埋石的制作方法。此方法是预先在蜡材上用钻头钻出钻石的位置，注意这一步仅仅只是定位，钻孔比实际钻石尺寸要小很多，然后放上钻石，将熔蜡器的温度调至6～7的位置，用熔蜡器的笔头按压在钻石面上，慢慢等温度通过钻石将蜡加热熔化，将钻石压埋到适当的实际需要深度，然后等冷却后把钻石边缘溢出的蜡清理掉。埋压好以后，就可以直接连蜡膜带钻石一起进行浇铸。这种方法是因为钻石能够耐高温，但对于其他宝石就不宜采用这种方法。

这种埋压法可用于各种大小不同的钻石。埋压法的技术要求较高，操之不慎，就会前功尽弃。须注意四点：第一，温度高低要控制适当。一般来说，大钻石温度可高些，小钻石温度要低些。第二，注意熔蜡头要按压在钻石的中心部位，务必保持将钻石的平面与蜡材的平面保持一致，否则非常

容易造成钻石移动错位。第三，埋压钻石的高度必须正好是产品最后完成时的高度。第四，按压时切不可用力太大。只需轻轻适度用力，待钻石深度到位后立即收手。

图3-36　埋石法浇铸成型的蜡模

图3-36中处于宝石位置的钻石形蜡模就是用真实的钻石预先作为模具埋入后浇铸出来的。

思 考 题　进一步熟悉了解蜡模首饰浇铸后的伸缩变化，说出其伸缩变化的方向和百分比。

举一反三　尝试采用综合镶的方法设计并用蜡材制作一件挂件饰品。

友情提示　综合镶嵌首饰要注意突出主石的地位，使其尽可能彰显、闪亮，副石的作用是烘托和陪衬或点缀。

项目四
软蜡模首饰的制作

任务模块　鸡心挂件的制作

某日，某首饰商场加工部门接到一位21岁左右女顾客的加工订单，具体要求如下：

任务单
名称：14k黄金鸡心挂件
数量：1只
重量：约5克（14k）
鸡心宽度：22mm
鸡心高度：24mm
鸡心丝材宽度：1.2mm
鸡心丝材厚度：1mm
花茎宽度：1mm
花茎厚度：0.8mm
花瓣厚度：0.7mm
其他形态尺寸如图
制作时间：1天

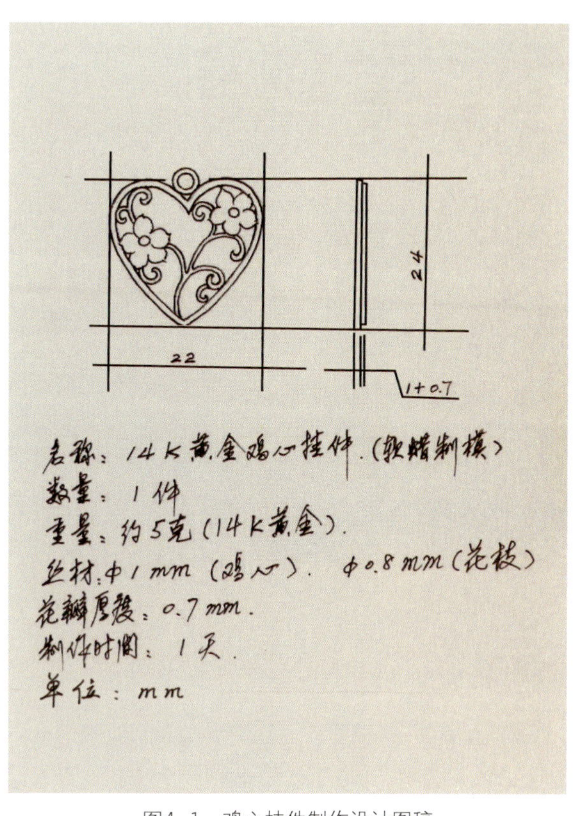

图4-1　鸡心挂件制作设计图稿

制作步骤：

一、设计图稿

首先，仔细看图并掌握其形态特征。形态特征包括各部位之间的比例关系、花瓣的自然形态、花茎的弯曲形态以及画面分割所产生出来的空白形态、此外还有高低、前后的变化特征。这些都要求我们要仔细观察、认真分析、细心把握。

二、选择相应的蜡材

选择蜡材时，需了解软蜡材的品种、性能以及使用方法。知识点

图4-2　相应的蜡材

（一）软蜡材的品种及性能

按照形态来分，软蜡材可分为线材和片材两大类。线材有直径0.65mm、0.82mm、1.00mm、2.06mm、2.60mm、3.25mm等不同粗细的规格；片材则为10.2mm×10.2mm的正方形，厚度则分为0.5mm、0.65mm、0.8mm等不同厚薄的规格。

按照颜色来分，软蜡材有绿、紫、蓝、粉红等不同颜色。虽然同属于软蜡材，但这些不同的颜色，具有不同的性能，代表着不同的硬度和弹性。从绿至粉红，绿色的硬度和弹性最强，其次为紫色，再次为蓝色，粉红色的硬度和弹性最弱。

（二）软蜡材的使用方法

软蜡材的使用方法相对于硬蜡材来说较为简单。主要有切、捏、刻、点、烫等几种使用方法。

切　在片材上落料，大多采用切的方法。先将稿件平整地置于桌上，压上玻璃，再把蜡片覆在玻璃上，利用蜡材的透明性，依照稿件的轮廓，用雕蜡刀即可将蜡材准确地切割下来。

捏　用拇指和食指或再辅以中指，将片材或丝材按照设计稿的要求，用蜡材捏成所需的形态。如果觉得蜡材不够柔软，则可以采用在酒精灯上稍稍加温的方法，使蜡材变得更加柔软。

刻　用雕蜡刀或刻针对蜡材表面进行一些图案或形态的刻画。刻画好以后，再用牙刷将蜡屑轻轻刷掉。

点　点的方法同项目3中介绍的点铸法相同。

烫　对一些部位的连接或一些部位的修整，可采用烫的方法来进行。

三、制作过程

（一）制作心形轮廓

（1）将玻璃覆盖在画稿上（图4-3）。

图4-3　用玻璃覆盖在画稿上

（2）将线材放在底下压有设计稿的玻璃上进行弯曲造型，左右两部分分开进行制作（图4-4）。

图4-4　将线材进行弯曲造型

（3）将左右两部分进行拼合修整（图4-5）。

图4-5　拼合修整

（4）将心形轮廓拼制起来（图4-6）。

图4-6　拼制

（5）用熔蜡笔把左右两部分熔接起来（图4-7）。

图4-7　熔接

（二）制作花瓣

（1）将片材放在底下压有设计稿的玻璃上比照着用雕蜡刀进行花瓣的轮廓切割（图4-8）。

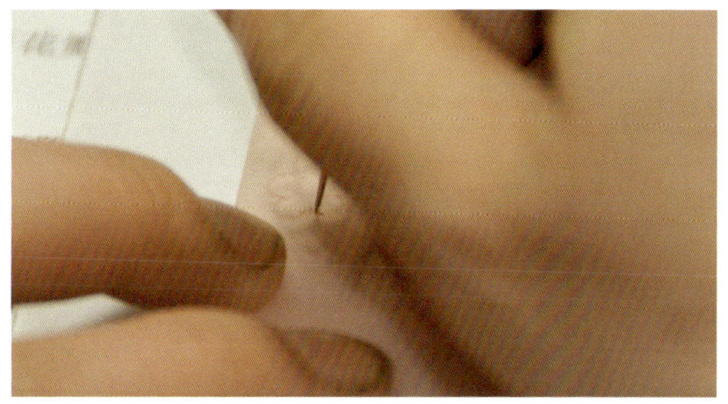

图4-8　切割花瓣的轮廓

（2）检查切割好的花瓣（图4-9）。

图4-9　切割好的花瓣

（3）将切割好的花瓣用软刷轻轻地刷去表面的蜡屑（图4-10）。

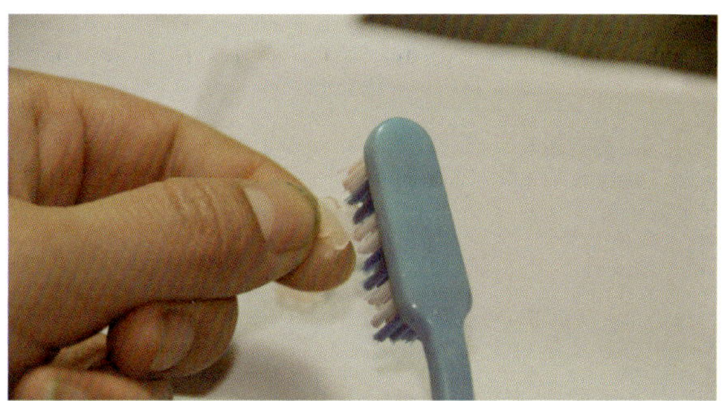

图4-10　刷去蜡屑

（4）将切割好的花瓣放在大小相适应的圆头凿上进行拱形造型（图4-11）。

图4-11　进行拱形造型

（三）制作花枝

（1）将线材放在底下压有设计稿的玻璃上比照着进行弯曲造型（图4-12）。

图4-12　将线材进行弯曲造型

（2）将进行弯曲造型后的线材放在设计稿上进行比较（图4-13）。

图4-13　比较造型

（3）依照设计稿的要求进行修整和拼接花枝（图4-14）。

图4-14　修整和拼接花枝

（4）拼接花朵（图4-15）。

图4-15　拼接花朵

（5）用熔蜡笔把花枝按照设计稿的位置与心形轮廓及花瓣熔接起来，注意是在背面进行熔接（图4-16）。

图4-16　熔接轮廓及花瓣

（四）制作挂件的圆孔

将线材放在底下压有设计稿的玻璃上比照着进行弯曲造型（图4-17）。

图4-17　制作圆孔造型

（五）进行修整和拼接

图4-18　修整与拼接

（六）点花芯

各部位拼接完成后，用点铸法点上花瓣中心的花芯（图4-19）。

图4-19　点花芯

（七）刻画花芯用针笔刻画花瓣上的花纹（图4-20）

图4-20　刻画花纹

（八）修整并交货

认真对照设计稿进行修整完善，确定完全符合要求后交货（图4-21）。

图4-21　完成图

相关活动　组织学生观看外国软蜡材雕刻教学影像资料，由教师进行讲解并组织学生展开讨论。

思考题　如何准确灵活掌握软蜡材的性能，并利用软蜡材的特性拓展和丰富创作领域?

举一反三　利用自修时间尝试创作一件适宜用软蜡材制作的首饰。

友情提示　要充分利用软蜡材的优势，并体现出软蜡材的特性及考虑实际生产的可操作性。

附录一 首饰树脂模型成型技术

首饰树脂模型成型技术是一种新型的技术。它是将由JEWELCAD首饰设计软件设计完成的三维图稿通过电脑输入首饰树脂成型机（图1），然后由首饰树脂成型机按照图稿塑造成型。

图1 意大利产029型首饰树脂模型成型机

一、树脂模型成型机的工作原理

首饰树脂模型成型的过程是用专用的液体树脂通过激光照射固化成型。这种固化成型完全不同于传统雕刻做减法的方法，而是采用层层叠加固化成型做加法的方法。

首饰树脂模型成型的工作环境要求也相当高，设备必须安装在相对无震动的场所，同时还要求在封闭的工作环境中，在25℃至35℃的室内温度下进行工作。

首饰树脂模型成型的产品工作面是15cm×15cm的平面（图2），在这个区域内可以设计安放多个不同的产品，既可以平着放，也可以竖着放。但从理论上来说，平着放可以节省时间，竖着放可以节省空间。首饰树脂模型成型机的工作效率是每小时约1cm高度。

图2 产品工作面

当成型完成后，需用酒精对作品进行清洗，然后置放于专用的烘干箱内进行烘干处理（图3、图4）。

图3 专用烘干箱

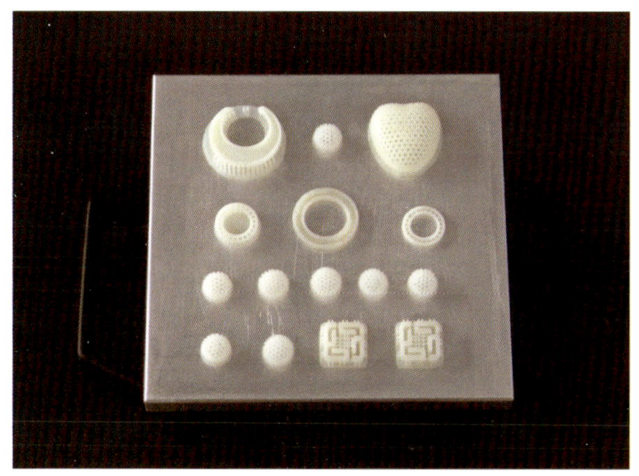

图4 经清洗和烘干完成的产品

二、优势与不足

首饰树脂模型成型设备具有多方面的优势。首先，由于首饰树脂模型成型的稿件是由电脑软件进行设计的，因此它可以在电脑上进行无限制的复制，同样可以在工作面允许的区域内同时进行多个产品的制作，从而大大节省制作时间，加快制作速度。

其次，也由于首饰树脂模型成型的稿件是由电脑软件进行设计的，产品造型的准确性、图案线条的规则性、块面的平整性以及排列的一致性都有手工制作无法比拟的优势。

同时，由于首饰树脂模型成型设备的不断进步和完善，其制作精致性和光洁度也越来越高。尤其对一些密镶宝石的首饰，其制作精度方面的优势尤为明显。

当然，首饰树脂模型成型设备也具有不足之处。首先，与其他电脑设计产品一样，首饰树脂模型成型技术也是通过电脑设计软件设计的，众所周知，到目前为止，任何电脑设计软件对于自然形态的设计同手工绘制相比并非具有优势，手工绘制一条不规则的曲线可能只需要一秒钟时间，而电脑绘制则有可能需用十几分钟甚至更多时间；其次，电脑设计物象的自然性和生动性也是有欠缺的。这种欠缺最明显的就是类似于我们通常所见的机器人和自然人的区别。还有，由于首饰树脂模型成型工艺每成型一件树脂产品只能制作一件成品首饰，因此成本比较高，故而对于不少中低档的、批量较大的订单，还是采用浇铸的工艺成本会比较低些。

三、首饰树脂模型成型机制作的部分产品

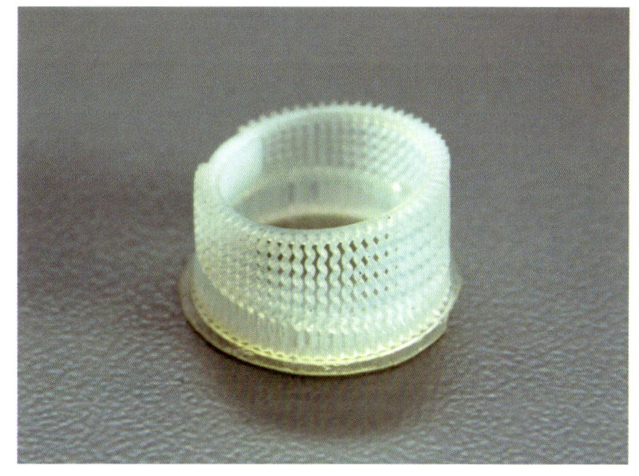

图5 密镶戒指 香港晨公司广记提供

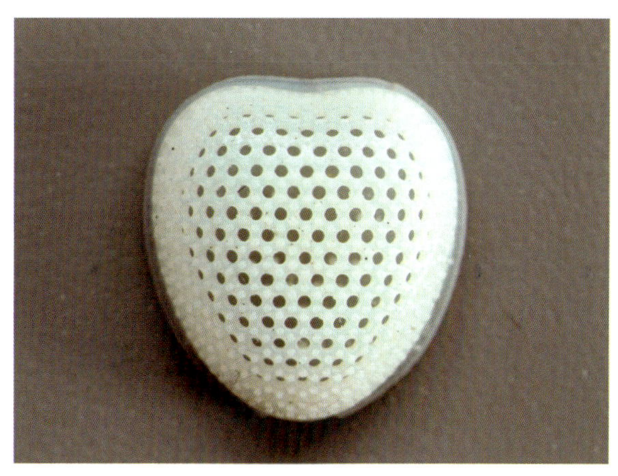

图6 草莓胸饰 沈成旸设计，张莉制作

图7　挂件 香港晨广记公司提供

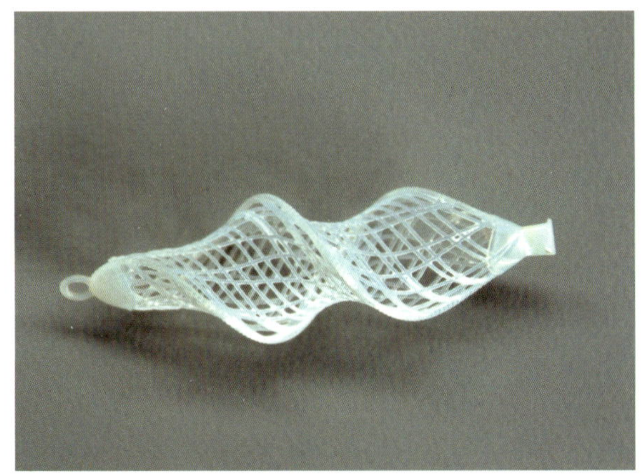

图9　挂件 香港晨广记公司提供

图8　国盛集团标志 张莉设计制作

图10　花蕊 卢蕙卿设计，张莉制作

附录二　蜡模作品鉴赏

精美的蜡模绝对是一件艺术品，欣赏工艺精湛的蜡模作品，从中借鉴和学习有益的经验和成果，堪称是一种愉快的享受！

图11　密镶式圈戒 沈成旸设计制作

点评：本件作品造型简洁自然、饱满丰富、空灵剔透。

全部制作过程皆为手工完成。工艺精度要求极高。整个戒指的宽度仅为3.5mm，在如此小的宽度里密集地排列有150颗0.01克拉的钻石，并且还要制作出525个大小、高低、粗细一致的齿爪，技术难度之大可以想象。

此款戒指制作工艺严谨缜密、整齐有序、精致入微、一丝不苟，是当今密镶首饰的典型作品。

此蜡模重量为0.55克，Pt990铂金成品的重量约为11克。

图12　十二星座花系列之康乃馨胸饰 卢蕙卿设计制作

点评：本件作品造型优美逼真、变幻丰富、如歌如舞、极尽妖娆；花瓣的高低起伏错综复杂，花纹脉络的走势自然流畅。

本件作品制作工艺要求很高，重量厚度的控制更是难度很大。此件胸饰制作技艺高超、刀法娴熟、厚薄一致，堪称佳作。

图13　结婚对戒 史忠文制作

点评：本件作品造型简洁中蕴含丰富变化，块面起伏优美、光洁平顺，线条自然顺畅，牵丝回转生动，制作技法熟练，尤其是表面的起伏处理得非常自然，优美流畅，厚度的控制也恰到好处。

作品寓意生活和谐平顺，夫妻情意缠绵。

图14　自然花叶组成的圈形挂件 卢蕙卿设计，茅丽华制作

点评：本件作品造型优美自然、缠绵回环、屈曲变幻。叶子高低起伏、错落有致，形态生动流畅、变化丰富。

本挂件在制作工艺上与设计要求相符合，整体感强，饱满圆润。缠绵回环的绿叶圈轮，寓意情爱长青、永无止境。

图15　花叶挂件 卢蕙卿设计制作

点评：本件作品造型努力追求在自然中求变化，出奇出新。其两片叶子一大一小，一勾筋一镂空，形成轻与重、虚与实、线和面的对比，给人一种虚中有实、实中有虚、空灵变幻的感觉。

在制作工艺上努力体现设计思想，形态自然，起伏变化。牝牡相依的叶子，寓意男女双方两情相悦，永不分离。

图16　热带鱼别针 沈成旸设计，元浩制作

点评：本件作品造型自然，生动逼真。在设计上采用写实主义的手法，追求真实完美，对一些不尽完善的地方都作了理想化的修饰。其形态的刻划精致入微、丝毫毕现，不见人工斧凿，自然天成。尤其是鱼鳞的制作，不仅片片铺陈排列，雕刻得整齐有序，而且上下错叠，形成了非常清晰漂亮的层次感。

图17　虎头挂件 陈剑雯制作

点评：本件作品造型自然。图案在追求真实中

进行理想化的艺术处理，删繁就简，把握住虎的形态特征，有传统意味。制作工艺上厚度掌握得较为恰当，也能较好地体现出设计意图。

图18 心型戒指 沈成旸设计，蔡雯佳制作

点评：这是一款婚庆造型的戒指，设计颇有新意。有大小不同的男女手寸。造型简洁，寓意强烈。心形中间空的部位设计成圆形的宝石托子，可根据顾客不同的爱好和需要选择镶制各种不同的宝石，是一款选择性很强的产品。

图19 热带鱼系列首饰之一 沈成旸设计，茅丽华制作

图20 热带鱼系列首饰之二 沈成旸设计，朱婷婷制作

图21 热带鱼系列首饰之三 沈成旸设计，杨沁钦制作

图22 热带鱼系列首饰之四 沈成旸设计，谢怡制作

图23　热带鱼系列首饰之五 沈成旸设计，石莹珺制作

图24　热带鱼系列首饰之六 沈成旸设计，顾艳制作

点评：以上6件蜡雕作品为规划中的全套海洋系列首饰——热带鱼系列中的一部分。作品材质为18K黄金，雕工精巧细致，形态生动逼真。表面部分饰以各种色彩的冷珐琅，以表现热带鱼艳丽丰富的色彩效果，与黄金璀璨闪亮的金色交相辉映，令人耳目一新。

图25　十二星座花系列之双层拼合的波斯菊胸饰 卢蕙卿设计制作

点评：盛开的波斯菊迎风摇曳、自然纯朴，宛如长袖临风的妙龄少女，清迈脱俗、高洁飘逸。

设计上采用了写实主义的手法，追求自然和飘逸的特性，尽可能做到真实完美。

制作工艺上形态的刻画力求表现出设计主题，将波斯菊的特性表现得淋漓尽致、真实生动。无论是花瓣的起伏俯仰，抑或是筋脉的伸缩舒缓，皆处理得修短合度、恰到好处，充分显示出制作者精湛的制作技能。

图26　镶钻戒指 沈成旸设计制作

点评：本件作品造型简约。戒脚的下半部分颇

有创意，略呈弧度的平底设计使下半部分多出两个三角形态，利用此三角形态安排多颗半分到一分大小不等的钻石，使得原本并没有什么可以着墨的部位立即变得饶有情趣。同时，内部又作镂空处理，更显得空灵轻盈，与上部协调呼应。

本戒指全部制作过程皆为手工完成，工艺精度要求极高。

此款戒指制作工艺严谨缜密、整齐有序、精致入微、一丝不苟，是当今密镶首饰的典型作品。

图27　如意图案挂件 沈成旸设计制作

点评：本件作品造型为半球形，形态饱满，图案为四方对称心型图案。点线面结合，含传统意味。其制作工艺精度要求较高。镂空的图案形态分布均匀、大小一致，线条流畅自然、粗细适度。虽然看似简单，但非具备熟练的制作工艺技能者难以做到。

此件作品为由两个半球合成的圆球挂件及耳坠，中间包裹着一颗透明的水晶，显得玲珑剔透、晶莹可人。

图28　“LOVE”婚庆对戒 段勇设计，中国黄金创意产业中心制作

点评：文字的排列随意自然，显得活泼可爱，戒圈采用穿绳的形态，寓意绵绵情意、丝丝相扣。造型上与文字交相契合，也由此变得饶有情趣。其制作工艺手法爽利洁净，形态准确完整，各方面都把握得比较好。

图29　蝴蝶挂件 许志英设计，中国黄金创意产业中心制作

点评：多圈组成的偏心圆造型，点缀几只小小的蝴蝶，静中见动、平中出奇。有洗尽铅华、返璞归真的情趣，于简单自然中见变化，蕴含新意。

图30　男戒 沈成旸设计制作

点评：这是一款应顾客要求定制的传统鼓式造型戒指。造型简洁，但简洁中处处显示出成熟和精湛。成熟的处理手法，于成熟中见老道；精湛的制作技能，于精湛中见细微。

图31　马鞍式宝石戒 沈成旸设计制作

点评：马鞍式宝石是顾客选定的一颗质地和色彩非常优良的老坑冰种翡翠，此顾客是一位在纽约的华人妇女，她喜欢简单的传统款式，因而在造型上没作太多的考虑，只是在宝石的底托部位作了一些镂空的图案处理，目的是为了让宝石更透光。

图32　花式戒 沈成旸制作

点评：这是一件具有阿拉伯风格的戒指。整体造型细密繁复，尤其体现在戒圈上，设计由多颗钻石托子拼合而成。主宝石是一颗直径为9.5cm的圆形金绿猫眼宝石，采用包边镶工艺进行镶制，而其他部位则选择用多颗0.03克拉大小的钻石,也是采用包边镶工艺进行镶制。正是由于各种宝石全部采用包边镶的工艺处理，因此，整体上给人的感觉是虽繁复而不繁杂。

图33　群镶法挂件 沈成旸设计制作

点评：本件作品的主宝石是一颗水滴型的钻石，主宝石的周边采用阶梯式的设计层层下降地围绕着两圈小圆钻。整齐排列的宝石和有序分布的齿爪，给人的感觉是精致和规整。整个设计的金属部分除了托子就是齿爪，没有任何其他的东西。作为挂件显得高贵奢华。

图34　圈式钻戒 沈成旸设计制作

点评：圈式宝石戒指是一种常见的款式，这种款式的特点是最大可能地彰显宝石，突出宝石的地位。而作为托子的金属则仅仅是为了起镶制的作用。因而如果从俯视的角度来看，往往只能看到宝石及牙齿或镶边，仿佛仅仅是一种宝石的整齐排列。

图35　圆宝石戒 沈成旸设计制作

点评：此款戒指主要表现在戒圈部分的图案刻画，在戒圈上除了内侧以外的3个面都刻满了细密的图案。这种体现在戒圈的图案刻画，是近几年在欧美首饰市场非常流行的一种风格，其特点是复杂、精致、整齐，是一种现代古典主义的风格。这种刻有精美图案的戒圈，在光照下犹如镶满了密密麻麻的小钻，会闪烁出非常耀眼迷人的光芒。

图36　开肩式宝石戒 沈成旸设计制作

点评：这是一款造型比较简洁的钻石戒指。从设计意义上来讲，越是简洁的款式，越难设计，因为这意味着要求设计师运用最简单的设计元素设计出一件完整的作品，而这种简单完整的作品往往可能是前人已经尝试过的。

此款作品在设计上脱俗清新，简洁中求变化，实为难能。制作工艺上也配合设计要求，对称匀整、简洁挺括。

图37　圆钻戒 沈成旸设计制作

点评：这是为一位白人妇女设计制作的钻石戒指，这位妇女年龄50多岁，属于知识型的白领。她本人从南非买来一颗重量为2.19克拉，质地非常优良的圆形刻面钻石，要求据此设计制作一款单宝石钻戒。她反复强调要求设计简洁但又不同于常见的皇冠型戒指。在多次征求意见修改之后才确定了设计稿。最终制作完成后的产品令她非常满意，大加赞赏。

图38　内斜肩式钻戒 沈成旸设计制作

点评：一般的戒指，戒肩的设计都作外斜肩式设计。因外斜肩式设计和戒圈的形态是顺势而为的，会显得较为契合，因而也较容易处理。但此款内斜肩式造型较为罕见。其顶面中心部位是一个现成配套的六齿皇冠钻石托子，而两边的内斜平面则全部排较小的列齿镶钻石。这种处理的优点在于造型上能给人一种众星拱月的特殊艺术效果。

图39　圈式五钻戒 沈成旸设计制作

点评：不大不小的相同的5颗钻石，很难设计出令人心仪的好款式。而简单的一字型的排列却也能显示出一种整齐划一的美，但这对钻石质量和制作工艺的要求却更为严格。首先，钻石的大小颜色要求一致；其次，制作工艺上，尤其是镶制工艺上要求平整度必须非常整齐。

图40　钻石十字架挂件 沈成旸设计制作

点评：造型简单的十字架，没有太多的修饰，表面仅仅只是均匀地排列着几颗宝石。但值得注意的是宝石的牙齿分布，除了4个顶端的牙齿外，其余的牙齿都是一个牙齿管两颗宝石的，所以这里设计的牙齿都相对比通常的要粗些，而且从镶制上来讲也要求位置正中，稳定牢固。

图41 钻石花式手链 沈成旸设计制作

点评：此款手链是应一位较为富态的年轻女顾客要求的个性化设计制作产品。手链所用的宝石为中间一颗较大的红宝石，其他为0.15克拉的宝石小钻。如何设计出符合顾客年龄、身份、体貌特征，又具有新意的款式，是此项任务重点需要考虑的因素。

最后完成的作品是有一定宽度的形态，但是在这宽度里却有非常精巧的设计：微小的钻石、细密的齿爪、精致的结构，故而显示出来的是一种精巧、一种丰富、一种高贵。

图42 金猪生肖挂件 沈成旸设计制作

点评：西方人对于猪的认识与中国人有明显的差异，西方人认为猪是可爱的，也是聪明的，因此对于猪的设计要求表现出猪的可爱和聪明这两个特征。

图43 十二星座花系列之雏菊 卢蕙卿设计，中国黄金创意产业中心制作

点评：象征摩羯座的雏菊，寓意纯洁的美、天真、快乐、幸福和希望。其外表虽然近乎冰艳，但内心却炽热如火，是一种“藏在心底的爱”。其自然唯美的造型，生动逼真、精细入微的制作，带给人强烈的视觉冲击力。

图44 十二星座花系列之月季花胸饰 沈成旸设计制作

点评：本件作品造型取法自然，提炼自然；做工精到，手艺纯熟。不见风，却有如熙风拂面；非为肌，然恰似晶露沁肌，如歌如舞、如梦如幻，极尽婀娜、具足妖娆，是一件有血有肉且富有生命力的佳作。

图45　十二星座花系列之夜来香挂件 沈成旸设计制作

点评：象征着巨蟹座的夜来香，寓意追求自由和忠贞不渝的心。

本挂件设计造型屈曲起伏，花瓣和如水似波的筋脉，带有几分娇柔、几分含羞。

制作工艺上则极力表现花瓣和筋脉的优美特征，似真如虚、似虚还真。

图46　十二星座花系列之双层拼合的向日葵花胸饰 卢蕙卿设计制作

点评：象征狮子座的向日葵，绚丽大气，永远不知疲倦地向人们绽放着灿烂的笑容，带给人们爱慕、高傲、不凡、阳光和热情。

本胸饰在设计上着力表现向日葵的丰富、大气和阳光的特征，制作工艺上也努力表现这种设计思想。

图47　十二星座花系列之百合花胸饰 杨沁钦制作

点评：象征着双鱼座的百合花，寓意自尊、陶醉、浪漫和纯洁。冰肌玉骨的百合散发着淡淡的幽香，在婆娑的枝叶间轻轻地飘荡。

本件胸饰在造型上力求表现百合花绰约的身姿和脉脉含情、娇羞欲滴的设计主旨。在制作工艺上则力求精致入微地刻画出细密而自然柔和的筋脉以及花瓣优美起伏的造型。

图48　待浇铸的蜡材花树之一

图49　待浇铸的蜡材花树之二

图50　18k黄金十二星座系列胸饰

图51　18k黄金钻石十二星座系列胸饰

后记

经历了多次反复修改之后，本书终于付梓。首饰蜡模雕刻工艺的实用性非常强，而目前国内外也没有同类的书籍和参考资料可供借鉴，因此书中所涉及的理论部分基本都是先前本人在国外长期实践经验的整理和总结，书中实物部分也基本都是本学院首饰设计专业的教师和本学院校企合作平台“中国黄金创意产业中心”的设计制作人员所设计制作的产品，所有图片均由蔡雯佳老师进行拍摄，在此一并致谢。倘若有疏漏和谬误之处，祈请方家指正。

沈成旸于上海工艺美术职业学院

2010年10月